Kavya D
Nagalambika Prasad

CELULASE: PRODUÇÃO E APLICAÇÃO

Kavya D
Nagalambika Prasad

CELULASE: PRODUÇÃO E APLICAÇÃO

ScienciaScripts

Imprint

Cover image: www.ingimage.com

This book is a translation from the original published under ISBN 978-3-659-63547-2.

Publisher:
Sciencia Scripts
is a trademark of
Dodo Books Indian Ocean Ltd. and OmniScriptum S.R.L publishing group

120 High Road, East Finchley, London, N2 9ED, United Kingdom
Str. Armeneasca 28/1, office 1, Chisinau MD-2012, Republic of Moldova, Europe
Printed at: see last page
ISBN: 978-620-8-32927-3

RESUMO

A celulase, uma enzima capaz de hidrolisar a celulose em açúcares mais simples, tem um grande potencial para várias aplicações industriais. Este estudo centra-se na produção de celulase utilizando *espécies de Aspergillus* e na sua aplicação na remoção de celulose da casca de jaca, um resíduo agrícola comum. O processo de produção enzimática envolve o cultivo de estirpes de Aspergillus em condições de fermentação optimizadas, incluindo pH, temperatura e disponibilidade de nutrientes. A extração e a purificação da celulase da biomassa fúngica são conseguidas através de várias técnicas de separação, como a centrifugação e a cromatografia.

A eficácia da celulase produzida é avaliada na remoção de celulose da casca de jaca, um material fibroso rico em conteúdo de celulose. O tratamento enzimático da casca de jaca com celulase leva à decomposição da celulose em açúcares solúveis, facilitando assim a sua utilização subsequente em várias aplicações biotecnológicas. A eficácia do processo de remoção da celulose é avaliada através de vários métodos analíticos. Além disso, os hidrolisados enzimáticos obtidos a partir da casca de jaca podem ser utilizados para a produção de produtos de valor acrescentado, tais como bioetanol, bioplásticos e suplementos alimentares para animais.

Este estudo demonstra o potencial da celulase derivada *de Aspergillus* na remoção eficiente de celulose da casca de jaca, destacando a importância da enzima na valorização de resíduos agrícolas. Os resultados contribuem para o desenvolvimento de abordagens sustentáveis e ecológicas para a degradação da celulose, promovendo a utilização de recursos renováveis para várias aplicações industriais.

Palavras-chave: Fermentação, Resíduos agrícolas, *Aspergillus* sps, Celulase, Produção, Aplicações.

Conteúdo

CAPÍTULO 1

INTRODUÇÃO

INTRODUÇÃO

As enzimas são substâncias que funcionam como catalisadores nos seres vivos, controlando o ritmo a que os processos químicos ocorrem sem alterar a própria substância. Eis uma breve descrição das enzimas.

Todas as actividades biológicas nos seres vivos envolvem reacções químicas e a maioria delas é controlada por enzimas. Muitas destas reacções não ocorreriam a um ritmo observável sem a ajuda de enzimas. Todas as facetas do metabolismo celular são catalisadas por enzimas. Isto envolve a quebra das principais moléculas nutricionais (como proteínas, hidratos de carbono e lípidos) durante a digestão; o armazenamento e a transformação de energia química; e a síntese de macromoléculas celulares a partir de moléculas precursoras mais pequenas. A falta de uma enzima específica é a causa de muitas doenças hereditárias humanas, incluindo o albinismo e a fenilcetonúria.

As enzimas são úteis tanto a nível industrial como médico. A fermentação do vinho, a fermentação do pão, a coagulação do queijo e a produção de cerveja têm sido praticadas desde o início dos tempos, mas só no século XIX é que se percebeu que estes acontecimentos eram o resultado da atividade catalítica das enzimas. Desde essa altura, as enzimas tornaram-se mais cruciais nas operações industriais que envolvem reacções químicas orgânicas. Na medicina, as enzimas são utilizadas para tratar doenças, eliminando germes causadores de doenças, acelerando a cicatrização de feridas e identificando doenças específicas. (1)

Numerosos microrganismos combinam-se para criar enzimas celulolíticas. Os fungos, os actinomicetos e as bactérias contêm bactérias celulolíticas. Um grupo de enzimas chamadas endo- e exo-B-glucanases trabalham em conjunto para hidrolisar enzimaticamente a celulose nativa. Os sistemas enzimáticos celulolíticos variam frequentemente entre as várias bactérias. Apenas os organismos celulolíticos genuínos com atividade de exoglucanase têm a capacidade de hidrolisar a celulose. A principal classe de organismos responsáveis pela degradação da celulose - que pode representar até 80% de toda a celulólise a nível mundial - são os fungos. As bactérias mais activas são frequentemente 50 a 1000 vezes menos celulolíticas do que os fungos. Um destes fungos foi identificado como A. flavus. (8)

O hidrato de carbono mais prevalente na natureza é a celulose. Trata-se de um polímero linear constituído por resíduos de D-glucose ligados por ligações b1,4-glicosídicas e é um componente estrutural importante das paredes celulares das plantas. É mais resistente à degradação enzimática do que outros polissacáridos da parede celular das plantas devido à sua forma parcialmente cristalina. As exoglucanases/celobiohidrolases (CBH) e as b-1,4-endoglucanases (EGL) hidrolisam a celulose em gluco-oligossacáridos, que são depois degradados em D-glucose pela ação das b-glucosidases (BGL), que é uma das três classes de enzimas hidrolíticas que constituem o sistema de degradação da celulose nos fungos. (2)

A celulose é um homopolímero linear insolúvel de glucose e as celulases são enzimas que catalisam a decomposição das ligações 1, 4 glucosil contidas na celulose. As celulases são enzimas industriais cruciais que têm um impacto significativo no ciclo global do carbono. As celulases são apresentadas numa vasta gama de formas e modos de funcionamento. Todas as plantas, numerosos fungos, algumas bactérias e alguns mamíferos produzem-nas. (7)

Numerosos microrganismos, incluindo bactérias e fungos, geram enzimas celulolíticas. As celulases estão a ganhar popularidade devido ao seu enorme potencial biotecnológico nas indústrias alimentar, têxtil, de lavandaria, pasta de papel e papel, bem como na conversão de biomassa em combustíveis e outros produtos bioquímicos. Apesar disso, o custo da extração de açúcares da biomassa lignocelulósica para fermentação em bioetanol e outros produtos bioquímicos é ainda demasiado elevado para despertar o interesse industrial. Isto deve-se sobretudo ao facto de os microrganismos produtores terem um baixo rendimento enzimático. Estão a ser utilizados vários métodos, incluindo a evolução dirigida pela enzima, para melhorar a produção de celulase. (2)

Para a geração de celulase em fermentação submersa (SmF) ou fermentação em estado sólido (SSF) numa variedade de fontes de carbono, os fungos filamentosos são favorecidos. A produção de enzimas também tem sido investigada em diferentes sistemas de cultura, como a imobilização de células e biofilmes. SSF refere-se ao desenvolvimento de microrganismos em suportes sólidos, naturais ou inertes, na ausência de água livre. Este tipo de cultura resulta numa maior atividade enzimática do que a SmF. As colónias de fungos imobilizadas à superfície em vários suportes apresentam resultados semelhantes. (2)

A criação de um ensaio específico para uma enzima é um passo crucial no estudo de qualquer enzima. Como cada evento de clivagem gera uma nova extremidade redutora e os polímeros longos têm poucas extremidades por mg, a maioria dos ensaios de celulase mede a produção de açúcares redutores a partir de uma forma de celulose de elevado peso molecular. A viscosidade da carboximetilcelulose (CMC), que as endocelulases reduzem devido a clivagens internas, também pode ser avaliada como um método secundário de deteção de endocelulases. A contagem do aumento das partículas de celulose produzidas por uma celulase depois de esta ter sido incubada com uma preparação de celulose de tamanho uniforme utilizando um contador de partículas é outro método para testar as celulases. Este ensaio, que é linear tanto com o tempo como com a enzima, fornece uma cinética de hidrólise distinta da avaliação do aumento das extremidades redutoras. Uma vez que as partículas mais pequenas não apresentam um aumento do número de partículas durante a hidrólise, apesar de haver um aumento das extremidades redutoras, este ensaio requer partículas com mais de 100 microns de diâmetro. (7)

Mecanismo de degradação da celulose:

Os micróbios celulolíticos parecem decompor a celulose de, pelo menos, três formas diferentes. A maioria dos micróbios celulolíticos aeróbios utiliza o método da celulase livre, que envolve a secreção de algumas celulases distintas, cada uma das quais com um CBM ligado ao CD por um péptido de ligação flexível. As celulases contêm frequentemente domínios extra com funções indefinidas. O CBM pode ser N- ou C-terminal à CD, e é improvável que isso tenha um impacto na atividade da enzima. A atividade combinada de algumas celulases pode ser até 15 vezes superior à de uma única celulase quando se trata de decompor a celulose cristalina. Em vários microrganismos aeróbios, a mistura de celulases contém um membro de cada classe de exocelulase e várias endocelulases, constituindo as exocelulases mais de 50% da proteína total da celulase.

A maioria das bactérias anaeróbias produz celulossomas, que são enormes complexos multienzimáticos que se encontram normalmente ligados à superfície exterior do microrganismo. O CBM encontra-se apenas num pequeno número de enzimas dos celulossomas. A proteína scaffoldin liga-se às enzimas encontradas nos celulossomas através de um pequeno domínio chamado domínio dockerin que se liga muito fortemente a um domínio cohesin. Normalmente, no seu terminal C, um péptido de ligação flexível liga o domínio dockerin ao CD. Embora os celulossomas bacterianos não possuam uma exocelulase que ataque a extremidade não redutora da celulose, as celulases processivas são, no entanto, importantes enzimas celulósicas.

Apesar das expectativas de que o grande tamanho dos celulossomas dificultaria o acesso à celulose presente em pequenos poros, que contêm uma porção significativa da área total da superfície da celulose na biomassa vegetal, o mecanismo celulossómico é tão eficaz na degradação da celulose como o mecanismo da enzima livre. As celulases livres podem atingir a celulose dentro desses poros. (8)

1.2 APLICAÇÕES:

As celulases são atualmente a terceira enzima industrial mais valiosa em termos de valor económico, devido à sua aplicação na lavagem de ganga, reciclagem de papel, enzimas detergentes, extração de sumos e aditivos para alimentação animal. As celulases têm sido biocatalisadores essenciais durante muitos anos. Os sectores relacionados com os têxteis, o papel e a pasta de papel, o detergente para a roupa, a agricultura, a medicina e a alimentação humana e animal são alguns dos principais sectores que utilizam celulases microbianas. O mercado das celulases é dominado pelo sector têxtil em 2017, de acordo com a Coherent Market Insights. Muitos relatórios de investigação do mercado das enzimas publicados em 2018 afirmam que a indústria têxtil, a alimentação animal, os alimentos e bebidas e os biocombustíveis são os principais sectores de aplicação. (10)

As celulases ultrapassarão outras enzimas industriais em volume, no entanto, se o etanol, butanol ou outro resultado da fermentação de açúcares derivado da biomassa se tornar um combustível de transporte significativo, como parece inevitável. Atualmente, quase todas as celulases industriais são produzidas por fungos celulolíticos aeróbios. Isto deve-se ao facto de estes organismos poderem produzir quantidades extraordinariamente grandes de celulase bruta.

1.2.1 Indústria têxtil

Uma das maiores indústrias do mundo é a indústria têxtil. O desejo dos clientes por estilos, cores e designs únicos está a impulsionar a procura de moda. Devido a esta procura crescente por parte dos consumidores, este sector registou uma expansão substancial nas últimas décadas. O terceiro maior grupo de enzimas utilizado nestas aplicações é atualmente a celulase. Isto cria um clima de mercado muito competitivo para os produtores que estão constantemente à procura de soluções ecológicas para dar aos seus produtos uma aparência distinta. Numerosos processos industriais utilizam a celulase. Algumas das principais utilizações desta enzima na indústria têxtil, particularmente para processamento húmido, incluem o biostoning de tecido de ganga, o biopolimento de fibras têxteis, o amaciamento de vestuário e a remoção do excesso de cor dos tecidos. A enzima mais frequentemente utilizada no sector têxtil provém do Trichoderma reesei. As melhores utilizações da celulase na atual indústria têxtil são geralmente conhecidas como biostoning e biopolimento.

1.2.2. Indústria do papel e da pasta de papel:

Um dos maiores sectores industriais do mundo é a indústria do papel e da pasta de papel. O Fundo Mundial para a Natureza (WWF) afirma que o sector da pasta de papel e do papel, que representa mais de 40% de toda a madeira industrial exportada a nível mundial, é utilizado em produtos como papel de escritório e de catálogo, papel brilhante, papel higiénico e embalagens à base de papel. No entanto, de acordo com os números mais recentes do sector do papel, a China, os Estados Unidos e o Japão são os três países que produzem mais papel a nível mundial. Estes três países produzem metade da quantidade total de produtores de papel do mundo. A pasta e o papel são fabricados a partir de recursos renováveis. Por isso, neste mercado, a reciclagem e a reutilização são duas ideias muito utilizadas. As celulases produzidas por microrganismos são normalmente aplicadas para este fim. As celulases são utilizadas neste sector porque são mais amplas. Desde os anos 80 até à atualidade, tem havido uma grande variedade de utilizações potenciais. Por exemplo, bioremediação de resíduos industriais, destintagem, polpação, branqueamento e melhoramento de fibras.

1.2.3. Agricultura:

As celulases são frequentemente utilizadas na agricultura para melhorar o crescimento das culturas e atuar como medida preventiva contra doenças das plantas. As combinações de celulases, hemicelulases e pectinases são frequentemente utilizadas para este fim. As celulases têm o poder de quebrar as paredes celulares dos agentes patogénicos das plantas. Numerosos fungos, como as *de Trichoderma, Geocladium, Chaetomium* e *Penicillium,* favorecem o crescimento rápido das plantas, aceleram a floração, reforçam o sistema radicular e aumentam a produção das culturas. A capacidade de fabricar celulase e enzimas semelhantes significa, no entanto, que todas estas criaturas podem participar diretamente nestas actividades.

1.2.4. Aplicações médicas:

O tema da farmacologia médica está atualmente a sofrer rápidos avanços em novos conhecimentos. As celulases para a formação de celulose são um desses domínios. Embora o ser humano não fabrique naturalmente a celulase, os estudos actuais sobre a saúde e a medicina demonstraram que o consumo de misturas de enzimas que incluem a celulase apresenta vantagens. A celulase produzida pela fermentação orgânica de *Trichoderma reesei* e *Bacillus licheniformis* foi adicionada a misturas de enzimas disponíveis no mercado como resultado do aumento da procura de misturas de enzimas.

1.2.5. Indústria alimentar humana e animal:

Todos os seres vivos precisam de alimentos para obterem a nutrição de que necessitam para o seu crescimento e bem-estar. A enorme procura de alimentos abriu caminho a uma indústria global extremamente complexa e interligada que fornece a maior parte dos alimentos consumidos pela população mundial. As celulases são atualmente consideradas como um recurso inestimável na biotecnologia alimentar devido à sua aplicabilidade alargada numa variedade de actividades. A celulase é utilizada em numerosos processos de biotecnologia alimentar em todo o mundo, incluindo a clarificação de sumos de fruta e vegetais, a redução da viscosidade do néctar, a concentração de purés, a modificação das propriedades sensoriais da fruta, a extração de carotenóides e de azeite e a melhoria da qualidade dos produtos de panificação.

[CAPÍTULO 2]

REVISÃO DA LITERATURA

REVISÃO DA LITERATURA

A celulase é uma enzima que catalisa a hidrólise da celulose em glucose. A celulose é o polímero natural mais abundante e encontra-se em plantas, animais e microorganismos. A celulase tem muitas aplicações industriais, incluindo a produção de biocombustíveis, papel, têxteis e processamento de alimentos. A utilização do teor de celulose e a potencial utilização do material residual para várias aplicações industriais.

As espécies de *Aspergillus* são uma das fontes mais importantes de celulase devido à sua elevada capacidade de produção de celulase. As espécies de *Aspergillus* são também conhecidas pela sua elevada capacidade de crescer numa vasta gama de substratos e em diferentes condições ambientais. Esta revisão irá resumir a literatura atual sobre a produção de celulase a partir de espécies de *Aspergillus* e a sua aplicação na remoção de celulose da casca de jaca.

A produção de celulase a partir de *espécies de Aspergillus* tem sido amplamente estudada. Vários estudos registaram a utilização de diferentes *espécies de Aspergillus* para a produção de celulase. Aspergillus niger é uma das espécies mais utilizadas devido à sua capacidade de produção de celulase e à sua capacidade de crescer numa vasta gama de substratos. (13)

De acordo com a Metodologia de Superfície, a produção de endoglucanase *de Aspergillus niger* atingiu o seu máximo após 70,35 horas de fermentação a 29,56°C e uma atividade de água de 0,875, e a de Rhizopus sp. atingiu o seu máximo após 68,12 horas a 30,41°C. A produção total de celulase foi efectuada em condições ideais. Aspergillus niger fermenta após 74,27 horas a 31,22°C, e Rhizopus sp. fermenta após 72,48 horas a 27,86°C. Apenas a síntese da endoglucanase *de Aspergillus niger* foi significativamente afetada pela atividade da água. A caraterização enzimática é crucial em aplicações industriais para maximizar elementos como o pH e a temperatura. Nesta investigação, demonstrámos que todos os extractos enzimáticos exibiram níveis significativos de termoestabilidade e estabilidade do pH para a endoglucanase e a celulase total. (14,11)

As informações contidas nesta revisão da literatura referem-se à produção da enzima celulase pelas espécies de Aspergillus. Verificou-se que *Aspergillus fumigatus* produz mais celulase e que *Aspergillus niger* produziu a maior quantidade de celulase nas melhores condições após 74,27 horas de fermentação a 31,22°C. Comparando a estabilidade da celulase de *Aspergillus* niger, *Aspergillus fumigatus* e Aspergillus oryzae a temperaturas mais elevadas, descobriu-se que a primeira apresentava maior estabilidade. De acordo com um artigo, *Aspergillus* sp. utilizou tanto a fermentação submersa como a fermentação em estado sólido como métodos amigos do ambiente para produzir celulase. Foi também demonstrado que os melhores métodos de produção de celulase a baixo custo são os que utilizam espécies de *Aspergillus* cultivadas na presença de bagaço de cana de açúcar como fonte de carbono. (15)

Numerosas indústrias, incluindo a pasta de papel e o papel, os têxteis, a lavandaria, a produção de biocombustíveis, a indústria alimentar humana e animal, a indústria cervejeira e a agricultura, demonstraram a potencial utilização de celulases microbianas. As celulases têm sido uma escolha prospetiva para investigação por parte de grupos de investigação académicos e industriais devido à complexidade do sistema enzimático e ao enorme potencial industrial. Hoje em dia, a compreensão atual da produção de celulases e as dificuldades na investigação das celulases têm recebido muita atenção, particularmente com o objetivo de melhorar a economia dos processos de diversos sectores. O potencial futuro da utilização de celulases em muitas indústrias, bem como os avanços científicos e tecnológicos, são analisados neste documento. (16)

A celulase é muito procurada e está a tornar-se mais cara, o que levou os investigadores a procurar outros métodos para satisfazer a procura do mercado, reduzindo simultaneamente os custos de produção e de transformação. A celulase é uma enzima crucial para a indústria, uma vez que decompõe a molécula de celulose em monossacáridos ou outras moléculas minúsculas. O conjunto de enzimas E.C. 3.2.1.4 inclui a celulase, que hidrolisa as ligações glicosídicas 1,4-D no componente de celulose. As celulases hidrolisam eficazmente celuloses complexas devido ao seu modo de ação, com base no qual são classificadas como endocelulase: hidrólise da ligação interna, exocelulase: quebra a extremidade da cadeia exposta, celobiose ou beta glucosidase: hidrolisa o produto da exocelulase em monossacarídeo, celulases oxidativas: despolimerizam a celulose e celulose fosforilases: despolimerizam a celulose. (17)

Os compostos bioactivos induzíveis, como a enzima celulase, podem ser produzidos por uma variedade de microrganismos, incluindo fungos, bactérias e protozoários, que se desenvolvem em materiais de celulose. No entanto, muito poucos destes criam grandes quantidades de substâncias bioactivas sem células que são capazes de hidrolisar totalmente in vitro a celulose cristalina. Apenas um pequeno número de micróbios foi capaz de degradar materiais celulósicos ao nível exigido pela indústria, apesar da extensa investigação nesta área. Os principais microrganismos produtores de celulase são os fungos, que são preferidos para a síntese industrial de enzimas porque os seus rendimentos enzimáticos são mais elevados do que os das leveduras e bactérias9,10. Embora a maior parte das espécies de *Aspergillus* tenha um elevado potencial para o fabrico de enzimas de celulase, *Aspergillus* sp., *Penicillium* sp. e *Trichoderma* sp. têm sido considerados fontes eficazes para o fabrico de celulases.

Vários investigadores trabalharam em vários resíduos agrícolas para reduzir o custo e aumentar a produção de celulase. A enzima celulase é produzida e purificada por microrganismos que utilizam o lixo como substrato, bem como restos industriais como resíduos de coco, palha de arroz, serradura, resíduos vegetais, palha de trigo e farelo de trigo como substratos. Por conseguinte, é necessária mais investigação, bem como a identificação de substratos menos dispendiosos e processos de fermentação e purificação de elevado rendimento, a fim de desenvolver produtos de elevada pureza de forma mais económica e rentável. Para além de estudar a dobragem da purificação e a recuperação da enzima celulase, este trabalho tem como objetivo aumentar a produção de celulase utilizando a fermentação submersa. (16, 17)

OBJECTIVO DO ESTUDO

O objetivo deste estudo é investigar e otimizar a produção da enzima celulase a partir de *Aspergillus sps,* um grupo de fungos filamentosos conhecidos pelas suas capacidades celulolíticas e explorar a sua aplicação na remoção de celulose da casca de jaca.

OBJECTIVOS DO ESTUDO

O estudo "Produção de enzima celulase a partir de *Aspergillus sps* e sua aplicação na remoção de celulose da casca de jaca" foi realizado com os seguintes objectivos

1. Produção de celulase a partir de *Aspergillus sps*: Isolamento e identificação.
2. Otimização das condições de cultura.
3. Medição da atividade enzimática.
4. Aplicação.

[CAPÍTULO 3]

MATERIAIS E MÉTODOS

MATERIAIS E METODOLOGIA:

Equipamentos: Tubos de ensaio, placas de Petri, frasco cónico, vareta de vidro, frascos com tampa de rosca, pipeta, copo, proveta, cuvete, lâminas de vidro, lamelas, medidor de pH, espetrofotómetro UV, banho de água quente, autoclave, incubadora, fluxo de ar laminar, placa quente, câmara UV, frigorífico, agitador magnético.

Amostra: Solo de jardim.

Meios de isolamento: Meio de ágar Czapekdox.

Subcultura: slants de ágar czapekdox.

Seleção: Agar CMC (caeboximetilcelulose), vermelho congo, cloreto de sódio.

Otimização: lamas de cultura, solução de tween 80, água destilada,

Composição do ágar Czapekdox:

Sacarose	3g
Nitrato de sódio	0.2g
Sulfato de magnésio	0.1g
Sulfato de potássio	0.1g
Sulfato ferroso	0.004g
Hidrogénio fosfato dipotássico	0.1g
Ágar	2g
Água destilada	100ml
pH	4

Composição do caldo Czapekdox:

Sacarose	3g
Nitrato de sódio	0.2g
Sulfato de magnésio	0.1g
Sulfato ferroso	0.004g
Sulfato de potássio	0.1g
Hidrogénio fosfato dipotássico	0.1g
Água destilada	100ml

3.1 RECOLHA DA AMOSTRA:

A amostra escolhida foi o solo de jardim, que foi recolhido em diferentes áreas em condições asssépticas e esterilizadas. As amostras foram recolhidas de forma a que o solo à volta das raízes fosse o principal alvo.

3.2. ISOLAMENTO:

Posteriormente, as amostras recolhidas foram diluídas em série e plaqueadas. As alíquotas escolhidas para os tubos de ensaio diluídos em série foram 10^{-4} e 10^{-5}. A técnica de plaqueamento utilizada foi a de pour plating.

3.3. RASTREIO:

A diluição da amostra acima selecionada foi colocada em meio de ágar czapekdox e incubada à temperatura ambiente durante 4 a 5 dias, uma vez que optei por trabalhar com fungos. Foi selecionada uma única colónia, que foi submetida a subcultura em placas contendo ágar CMC, utilizando a inoculação pontual. Isto foi feito para verificar se o organismo em causa era responsável pela degradação da celulose no meio. O organismo selecionado foi subcultivado em placas de ágar para as etapas seguintes, tendo as estirpes positivas sido posteriormente cultivadas em caldo czapekdox.

3.4. OPTIMIZAÇÃO DAS CONDIÇÕES DE CULTURA PARA A PRODUÇÃO DE CELULASE

3.4.1. Preparação do inóculo

A preparação do inóculo foi efectuada por suspensão de esporos. Para o efeito, foram utilizados os slants de cultura pura resultantes. Aqui, a solução de tween 80 foi utilizada para a preparação do inóculo na proporção de 9:1 com água destilada. Foi adicionado 1 ml de solução de tween 80 aos slants de cultura pura e as colónias nos slants foram raspadas cuidadosamente. Mais tarde, esta solução foi transferida para um tubo de ensaio limpo e misturada com 9 ml de água destilada. Esta solução foi designada por inóculo, que foi utilizado para a análise posterior das nossas experiências.

3.4.2. Composição do meio de cultura

A fermentação submersa foi realizada em frascos cónicos contendo 100ml de caldo de fermentação (contendo g/lt, Peptona - 5g ,Di hidrogenofosfato de potássio 0,55g, Sulfato de magnésio - 0,55g, Sulfato ferroso - 0,5g, Glicose - 5g Cloreto de sódio - 3g) autoclavado a 121°C seguido de inoculação com 1 ml de estirpe bacteriana produtora de celuase. O caldo de fermentação (100ml) e o inóculo bacteriano (1ml) foram mantidos constantes para todos os passos de otimização. (Sonia Sethi . et. Al,2013)

3.4.3. Ensaio da celulase

Tomou-se 0,5 ml do sobrenadante obtido a partir do substrato fermentado, ao qual se adicionou 0,5 ml de celulose a 1% e os tubos foram incubados à temperatura ambiente durante 15 minutos. Posteriormente, adicionou-se 1 ml de reagente DNSA e incubou-se num banho de água a ferver durante 15 minutos. Após o período de incubação, os tubos foram arrefecidos e adicionaram-se 5 ml de água destilada. O ensaio em branco foi mantido tomando 0,5 ml de água em vez de enzima, e a absorvância foi lida a 540 nm. Seguiu-se o mesmo procedimento para as amostras, a fim de estimar a atividade enzimática. (Sonia Sethi . et. Al,2013)

3.4.4. Otimização das condições de cultura para a produção de enzimas celulolíticas

Os parâmetros de fermentação foram optimizados para aumentar o rendimento da celulase. A atividade enzimática foi calculada a partir da curva padrão de glucose (Sonia Sethi . et. Al,2013)

3.4.4.1. Otimização do tempo de incubação

O período de incubação ideal para a produção de celulose foi efectuado incubando o meio de cultura a 36°C durante 48 horas e a absorvância da amostra foi tomada a 540nm em intervalos de tempo específicos (6 horas, 24 horas, 30 horas e 48 horas). O tempo de incubação com maior atividade de celulase foi considerado para o processo seguinte.

3.4.4.2. Otimização do pH

Estimativa da celulose libertada na cultura em caldo:

Procedimento:

- Colher 0,5 ml de cultura de caldo czapekdox assepticamente em fluxo de ar laminar, adicionar 0,5 ml de celulose a 0,1%.
- Incubar durante 10 minutos à temperatura ambiente.
- Posteriormente, adicionar 1 ml de DNSA preparado.
- Incubar em banho-maria durante 20 minutos, arrefecer e adicionar 2 ml de água.
- Medir a absorvância a 540nm.

O procedimento acima é seguido para todas as condições de cultura selecionadas, como temperatura, pH e tamanho do inóculo.

3.4.4.3. Otimização da temperatura

Suspensão de esporos de fungos para otimização da temperatura:

- Adicionar 1 ml de Tween 80 e 9 ml de água destilada aos slants de subcultura.
- Raspar os esporos de fungos no tubo de ensaio.
- Transferir a solução para outro tubo de ensaio limpo.
- Adicionar 0,25 ml de suspensão de esporos ao CZB preparado.
- Incubar durante 5 a 6 dias.

3.4.4.4. Otimização do tamanho do inóculo

- Preparar 50 ml de CZB.
- Adicionar 25 ml de caldo a 5 tubos de ensaio.
- Adicionar a solução de suspensão de esporos em cada tubo de ensaio com a seguinte concentração.
- 100ml de fermentação: 0,25ml, 0,50ml, 0,75ml, 1,0ml, 1,25ml.
- Para 25 ml de caldo em cada tubo de ensaio, são necessários 0,0625 ml, 0,125 ml, 0,1875 ml, 0,25 ml, 0,312 ml.

3.5. PRODUÇÃO

Foram preparados 300 ml de CZB, com as condições de otimização obtidas de pH, temperatura e tamanho do inóculo, a amostra foi inoculada no caldo e incubada durante 5 a 6 dias.

Tampão fosfato:

15,487 g de Fosfato de sódio dibásico hepta-hidratado.

5,827 g de Fosfato de Sódio Monobásico Monohidratado.

Sulfato de amónio: 52,3 g 1

- O tamanho do inóculo selecionado foi adicionado a 300 ml de CZB preparado e incubado a uma temperatura e pH óptimos.
- Após incubação de 5 a 6 dias, a amostra de cultura em caldo foi submetida a filtração.
- Filtrar 100 ml de amostra com um papel de filtro e um funil.
- O filtrado foi transferido para frascos limpos e utilizado para análises posteriores.
- O filtrado obtido foi colocado num saco de diálise e colocado no copo que continha o tampão fosfato preparado e colocado numa máquina de agitação magnética.
- Adicionou-se continuamente 52,3 g de sal de sulfato de amónio. Este método é designado por precipitação com sal de sulfato de amónio.

3.6. CARACTERIZAÇÃO DA ENZIMA PURIFICADA

3.6.1 Estabilidade do pH

Procedimento:

- Adicionar 0,1 ml de enzima purificada num tubo de ensaio e adicionar 0,1 ml de substrato (celulose).
- Posteriormente, adicionar 1 ml de tampão de pH de 3 a 10 a cada tubo de ensaio.
- Incubar à temperatura ambiente durante 10 minutos.
- Adicionar ml de reagente DNSA.

- Manter os tubos de ensaio em banho-maria durante 15 a 20 minutos.
- Deixar arrefecer os tubos de ensaio.
- Medir a absorvância a 540nm.

3.6.2. Temperatura

Procedimento:

- Adicionar 0,1 ml de enzima e 0,1 ml de substrato num tubo de ensaio.
- Adicionar 0,1 ml de tampão de pH 7.
- Incubar durante 10 minutos a diferentes temperaturas como 25°C, 30°C, 35°C, 40°C, 45°C, 50°C, 55°C.
- Adicionar 1 ml de reagente DNSA.
- Após a incubação, manter os tubos de ensaio em banho-maria durante 10-15 minutos.
- Medir a absorvância a 540nm.

3.6.3. Estabilidade térmica

Procedimento:

- Incubar apenas 0,1 ml de enzima à temperatura específica acima obtida durante ½ hora, 1 hora e 1 ½ hora.
- Após a incubação, adiciona-se 0,1 ml de substrato.
- Posteriormente, adiciona-se 1 ml de tampão de pH e incuba-se durante 10 minutos.
- À solução acima referida foi adicionado 1 ml de reagente DNSA.
- Medir a absorvância a 540nm.

3.6.4. Especificidade do substrato

- Foram utilizados diferentes substratos para verificar a especificidade da celulase. Os substratos utilizados foram a celulose, a aspargina, o amido, a quitina e o ácido tânico.
- Adicionar 0,1 ml de enzima purificada e 0,1 ml de substratos selecionados em cada tubo de ensaio.
- Adicionar 1 ml do padrão de pH especificamente obtido.
- Incubar à temperatura especificamente obtida durante 10 minutos.
- Adicionar 1 ml de reagente DNSA.
- Manter em banho-maria durante 10-15 minutos.
- Medir a absorvância a 540nm.

3.7. APLICAÇÃO

Reagentes utilizados:

1. Reagente acético/nítrico: Misturar 150 ml de ácido acético a 80% e 15 ml de ácido nítrico concentrado.
2. Reagente de antrona: 200 mg de antrona em 100 ml de ácido sulfúrico concentrado refrigerado.
3. Ácido sulfúrico a 67%: 67 ml de $H_2 SO_4$ em 33 ml de água destilada.
4. Padrão: celulose.

Procedimento:

- Preparar 0,1mg/ml de celulose como descrito abaixo:

1. Tomar 100mg de celulose e adicionar 10ml de 67% H_2SO_4 e incubar durante 1 hora.
2. Após a incubação, completar o volume para 100 ml tomando 1 ml da solução acima (1)

100mg de antrona - 10ml de antrona corresponde a 10mg/ml. Diluir 1ml de 10mg/ml para 100ml para obter 0,1mg/ml.

3. Tomar uma série da solução (2) até perfazer 1 ml e adicionar 10 ml de reagente de antrona e misturar bem.
4. Aquecer os tubos num banho de água a ferver durante 10 minutos.
5. Arrefecer a mistura de reação e medir a absorvância a 630nm.
6. Traçar a curva padrão com a concentração versus a absorvância a 630nm.

Análise de amostras:

- Tomar 1 g de amostra e adicionar 3 ml de reagente acético/nítrico e misturar bem durante alguns minutos.
- Ferver a mistura de reação num banho de água a 100°C durante 30 minutos.
- Arrefecer e centrifugar durante 15 a 20 minutos e rejeitar o sobrenadante.
- Lavar o sedimento obtido com água destilada.
- Adicionar 10 ml de ácido sulfúrico a 67% ao sedimento lavado e incubar durante 1 hora.
- Após o período de incubação, tomar 1 ml da solução acima referida e diluir a 100 ml com água destilada.
- Tomar 1 ml da solução acima e adicionar 10 ml de reagente de antrona.
- Aquecer a mistura de reação em banho-maria durante 10 minutos.
- Arrefecer a mistura de reação e medir a absorvância a 630nm.
- Calcular a concentração da amostra utilizando a curva-padrão da celulose.

[CAPÍTULO 4]

RESULTADOS E DISCUSSÃO

RESULTADOS E DISCUSSÃO:

A amostra de solo de jardim diluída em série com o fator de diluição 10^{-4} e 10^{-5} foi colocada em placas sob condições asssépticas e mantida para incubação. As placas resultantes com colónias diferentes foram designadas como K1, K2, K3, K4, K5, K6 e foram feitas como culturas puras em placas contendo ágar CMC. As mesmas foram mantidas para incubação durante 4-5 dias.

Posteriormente, as placas resultantes foram verificadas quanto à maior produção de celulose utilizando vermelho de congo e Nacl. As placas de amostra foram inundadas com solução de vermelho de congo e deixadas de lado durante 10-15 minutos, depois as placas foram lavadas com solução de Nacl preparada. Se as placas apresentarem uma zona de hidrólise, isso significa que a colónia selecionada produz a enzima celulase.

Encontrámos zonas de hidrólise em diferentes colónias que foram inoculadas, mas a zona de hidrólise mais elevada produzida pela colónia foi selecionada para análises posteriores que foram realizadas.

(Fig. 1) Placas de resultados que mostram a zona de hidrólise

A colónia K 4 foi a que apresentou a maior zona de hidrólise, com um comprimento de **13 mm.**

Após esta etapa, a colónia K4 foi transformada em cultura pura em placas de ágar czapekdox para a realização de mais testes. A mesma colónia foi escolhida para identificação. Como optei por trabalhar com fungos, já sabíamos qual a técnica de coloração a utilizar, que é uma técnica de coloração simples. Pegou-se numa lâmina de vidro limpa e, com uma ansa de inoculação, recolheu-se uma pequena quantidade de colónia K4, que foi espalhada na mesma lâmina de vidro. Posteriormente, foi adicionada uma coloração azul de algodão ao esfregaço, que foi deixado durante alguns segundos e observado ao microscópio. O resultado mostrou ser uma espécie de ***Aspergillus.***

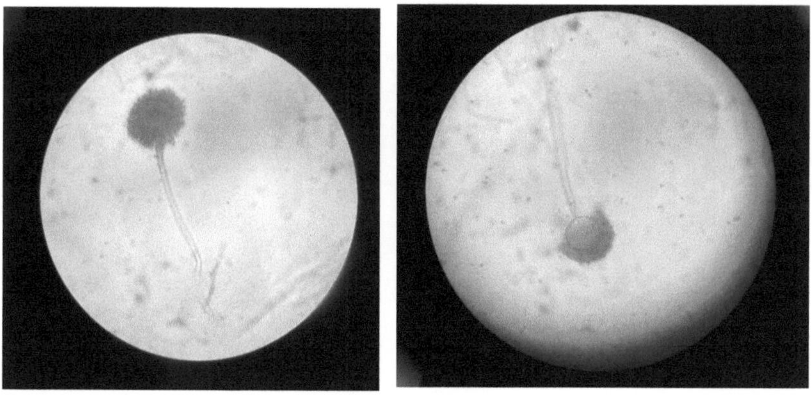

(Fig. 2) Vista microscópica de *espécies de Aspergillus.*

Os mesmos slants de cultura pura foram utilizados para otimizar o pH, a temperatura e o tamanho do inóculo. Para continuar com a análise, devemos primeiro preparar uma curva padrão de celulose, que é apresentada a seguir.

4.2. Curva padrão de celulose

Volume das existências (celulose)	Vol de água destilada	Conc de stock (DNSA)	Vol de DNSA	Incubação em banho-maria	Vol de água destilada	Absorvância a 540nm
0.2	0.8	0,2 mg	1ml	15-20min	2ml	0.252
0.4	0.6	0,4 mg	1ml	15-20min	2ml	0.290
0.6	0.4	0,6 mg	1ml	15-20min	2ml	0.318
0.8	0.2	0,8 mg	1ml	15-20min	2ml	0.400
1.0	0.0	1,0 mg	1ml	15-20min	2ml	0.492

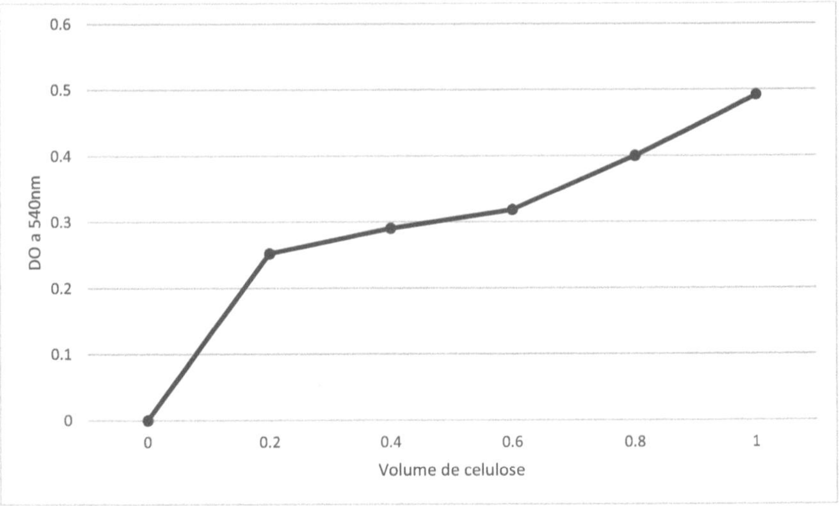

Figura 3

4.3. Estimativa da celulose em estirpes selecionadas da amostra

Amostras	Atividade enzimática (48 horas)	Atividade enzimática com uma diluição de 5 ml (48 horas)	Atividade enzimática (72 horas)	Atividade enzimática com uma diluição de 5 ml (72 horas)
KD 1	1.40	0.110	1.90	0.101
KD 2	3.00	0.151	3.00	0.136
KD 3	3.00	0.152	3.00	0.132
KD 4	**3.06**	**0.212**	**3.00**	**0.242**
KD 5	3.06	0.176	3.00	0.208
KD 6	3.06	0.172	3.00	0.152

SEM DILUIÇÃO EM 48h

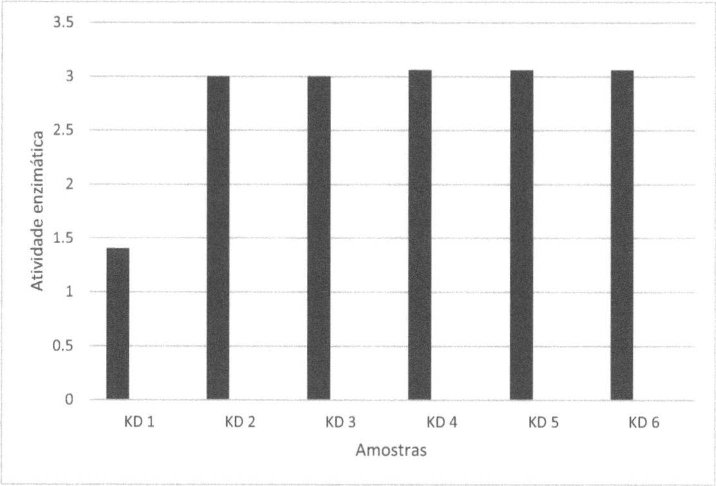

figura 4

COM DILUIÇÃO ÀS 48 HORAS

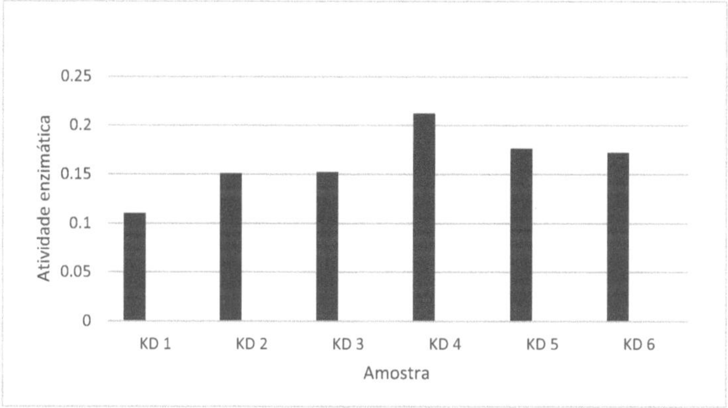

Figura 5

SEM DILUIÇÃO A 72hrs

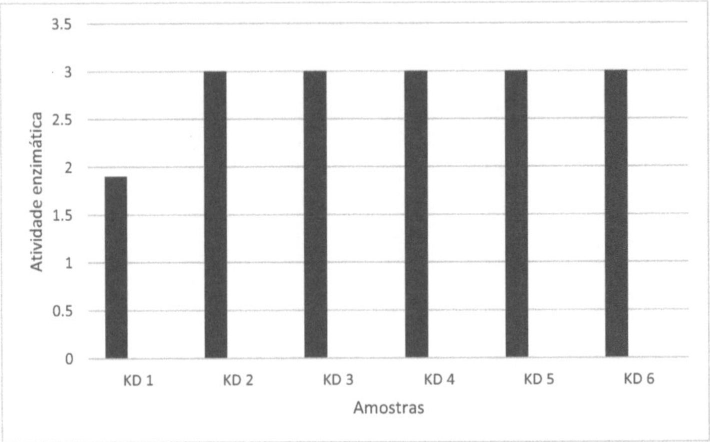

(Figura 6)

COM DILUIÇÃO A 72hrs

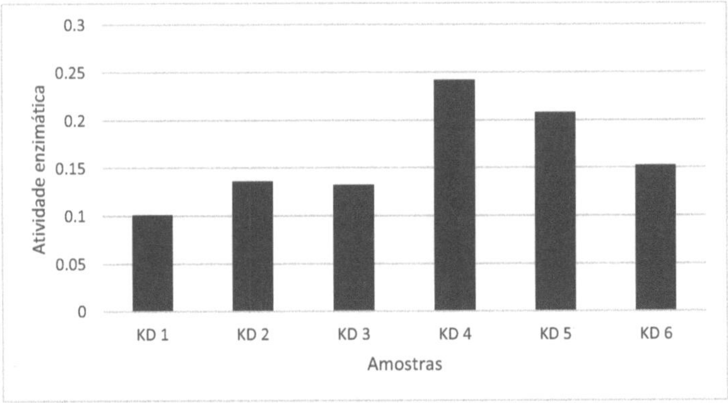

(Figura 7)

4.4 Otimização do pH

48 HORAS

pH	Atividade enzimática	Com diluição de 5 ml
3	1.070	0.091
4	0.718	0.084
5	0.198	0.030
6	0.818	0.109
7	0.570	0.072
8	0.846	0.087
9	0.707	0.100

Atividade enzimática

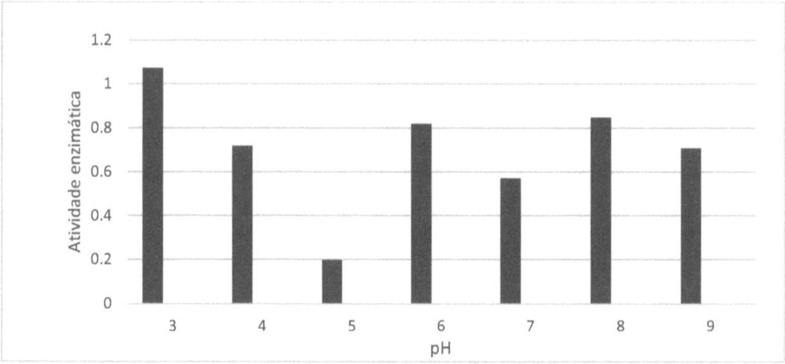

(Figura 8)

COM DILUIÇÃO A 48hrs

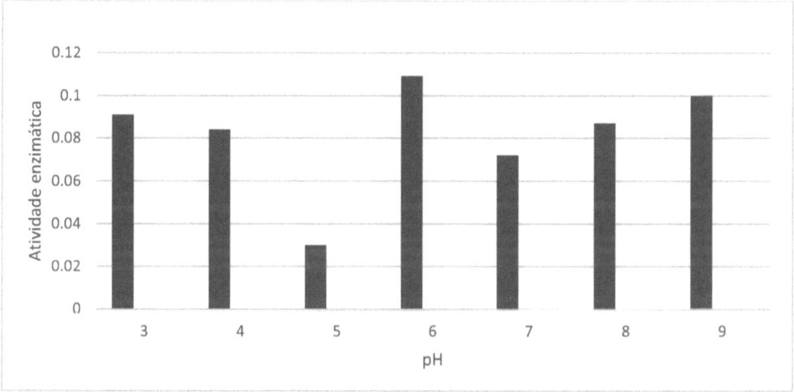

72 HORAS

pH	Atividade enzimática	Diluição com 5ml
3	2.077	0.204
4	1.710	0.202
5	0.458	0.050
6	2.068	0.225
7	1.717	0.192
8	2.053	0.230
9	1.693	0.201

SEM DILUIÇÃO

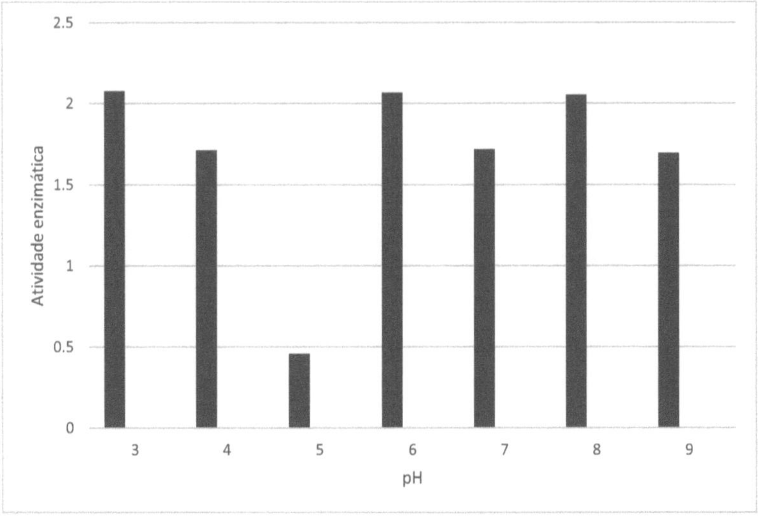

(Figura 9)
COM DILUIÇÃO

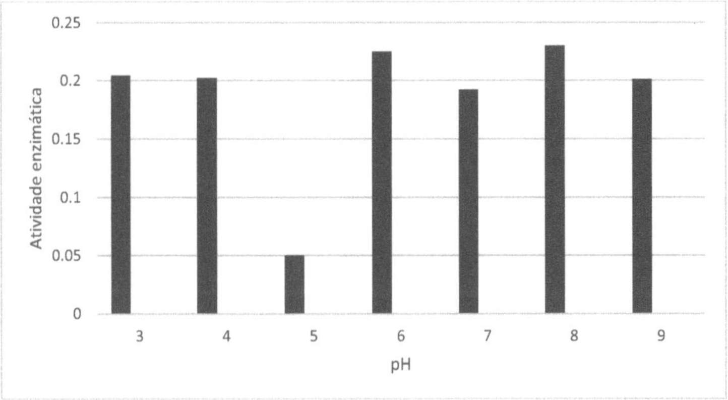

(Figura 10)
96 HORAS

pH	Atividade enzimática
3	0.185
4	**0.212**
5	0.167
6	0.182
7	0.155
8	0.168
9	0.180

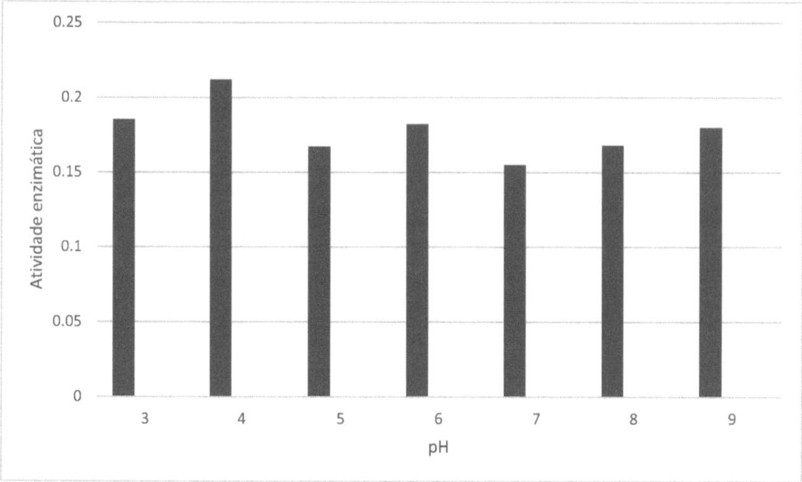

(Figura 11)

O crescimento ótimo foi observado no Ph 4 após 96 horas de incubação, que apresentou a absorvância mais elevada. A atividade enzimática mais elevada observada no Ph 4 foi de 0,214

4.5. OPTIMIZAÇÃO DA TEMPERATURA

24 horas

Temperatura	DO a 540nm
Temperatura ambiente	0.168
25°C	0.172
35°C	0.153
40°C	0.193

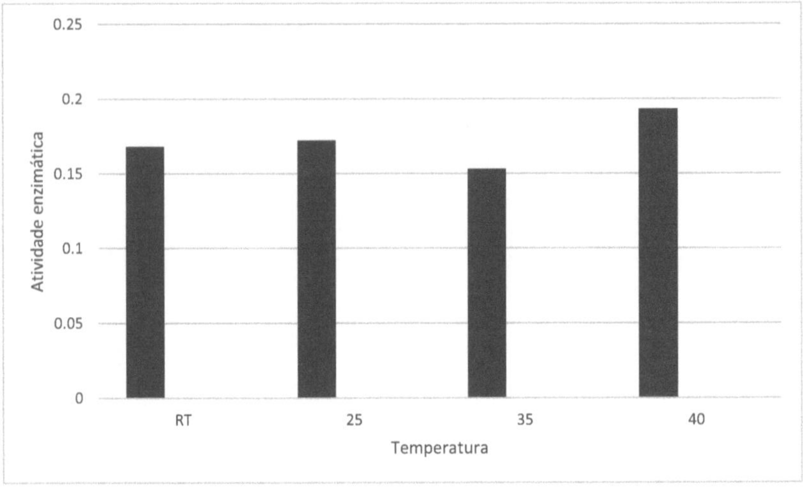

(Figura 12)

72 HORAS

Temperatura	DO a 540nm	Com diluição de 5 ml
Temperatura ambiente	O.122	0.237
25°C	0.141	0.214
35°C	0.233	0.215
40°C	0.176	0.242

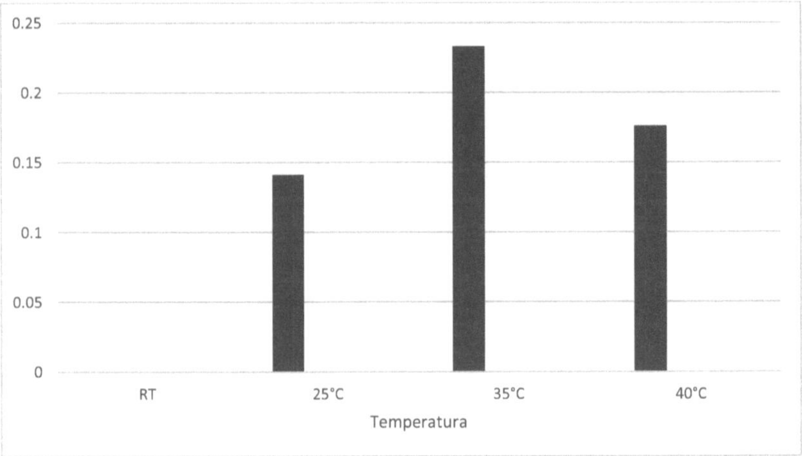

(Figura 13)

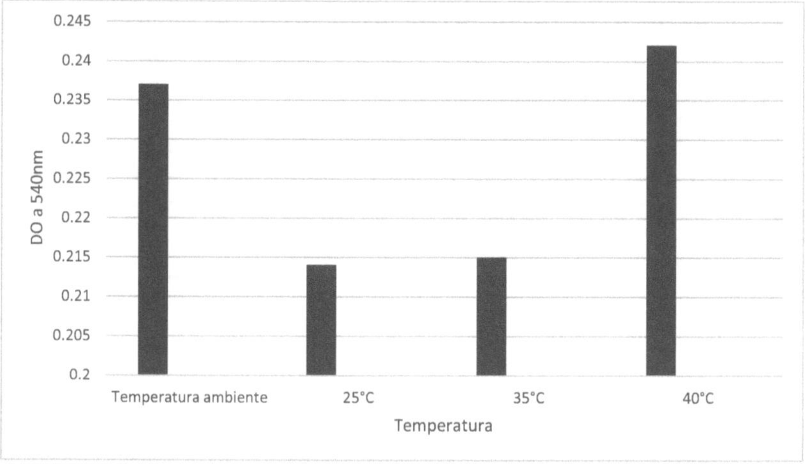

(Figura 14)

96 HORAS

Temperatura	DO a 540nm
Temperatura ambiente	0.313
25°C	**0.490**
35°C	0.449
40°C	0.419

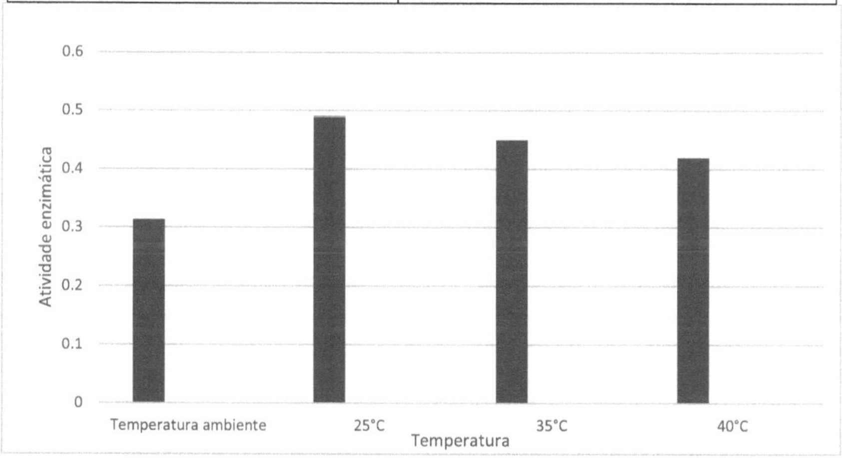

(Figura 15)

A temperatura óptima selecionada após a caraterização com diferentes condições de temperatura foi de 25°C. Esta temperatura foi escolhida porque após 96 horas de incubação, a 25°C, a cultura mostrou crescer à taxa máxima.

4.6. OPTIMIZAÇÃO DO TAMANHO DO INÓCULO

24 HORAS

Tamanho do inóculo	DO a 540nm com 5ml de diluição	Com diluição de 10ml
0.06	1.109	0.443
0.125	1.142	0.492
0.187	0.879	0.396
0.250	0.933	0.421
0.312	0.900	0.395

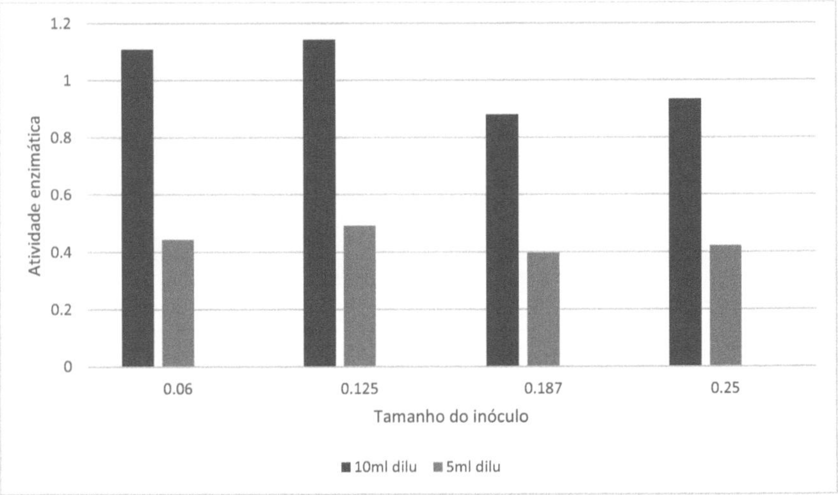

(Figura 16)

48 HORAS

Tamanho do inóculo	DO a 540nm com 5ml de diluição	Com diluição de 10 ml
0.06	0.621	0.292
0.125	0.519	0.235
0.187	0.637	0.307
0.250	0.589	0.281
0.312	0.602	0.274

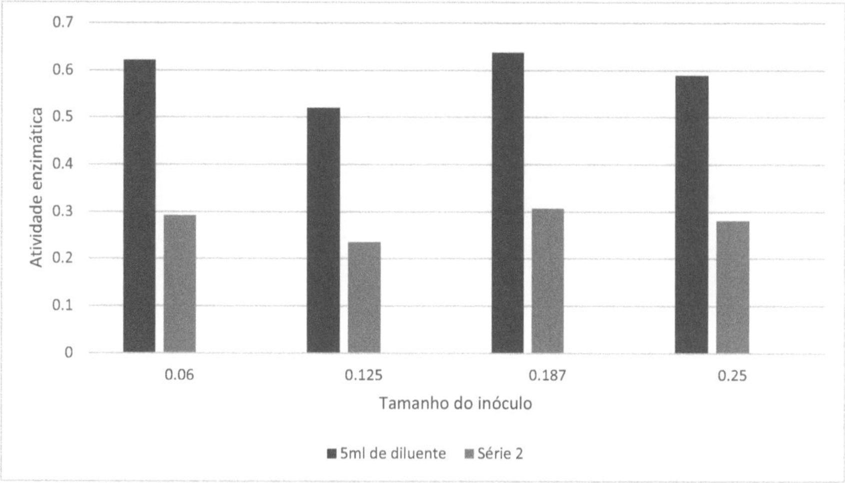

(Figura 17)

96 HORAS

Tamanho do inóculo	DO a 540nm com 5ml de diluição	Com diluição de 10 ml
0.06	0.82	0.41
0.125	0.86	0.43
0.187	0.66	0.33
0.250	0.80	0.40
0.312	0.60	0.30

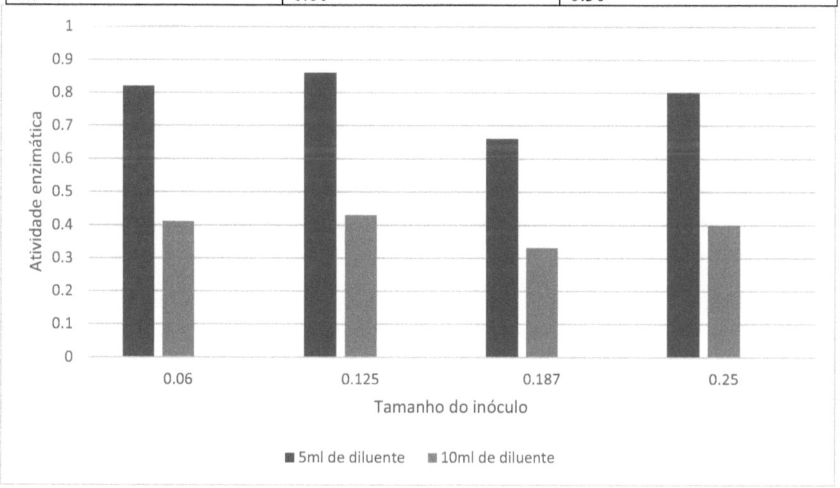

(Figura 18)

120 HORAS

Tamanho do inóculo	DO a 540nm com 5ml de diluição	Com 10ml de diluente
0.06	0.662	0.361
0.125	0.686	0.367
0.187	0.603	0.328
0.250	0.739	0.387
0.312	**0.814**	**0.453**

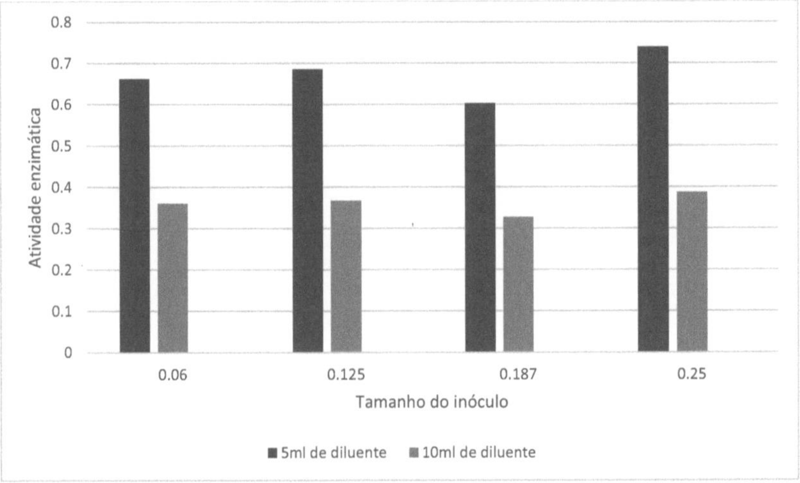

(Figura 19)

Os resultados para a caraterização do tamanho do inóculo registados foram 0,312 microlitros em 25 ml de caldo, o que mostrou uma taxa de crescimento mais elevada. Assim, para uma análise mais aprofundada, o tamanho do inóculo selecionado foi de 1,25 ml.

4.7. PRODUÇÃO

Para a produção em massa, foram preparados 300 ml de CZB com pH, temperatura e tamanho do inóculo optimizados.

O pH ótimo selecionado foi 4, com esta condição foram preparados 300 ml de CZB e inoculados com 1,25 ml de solução de suspensão de esporos e incubados a 25°C durante 5-10 dias. Depois de terminado o período de incubação, o caldo de cultura foi filtrado com um papel de filtro e um funil em condições assépticas.

4.8. PURIFICAÇÃO

Após a filtragem acima referida, o filtrado é recolhido e seguido de centrifugação para um processo de purificação adicional. O sobrenadante obtido é recolhido num frasco de vidro e armazenado no frigorífico. Posteriormente, procede-se à precipitação do sal, designada por diálise. Este processo é efectuado com um agitador magnético, a frio, utilizando sal, sulfato de amónio de 52,3 g. A amostra deve ser mantida no frigorífico durante a noite. A solução assim obtida após 24 horas de incubação é designada por enzima parcialmente purificada. Esta enzima parcialmente purificada é ainda caracterizada quanto à sua eficiência.

4.9. CARACTERIZAÇÃO DA ENZIMA PURIFICADA

1. Ph
2. Temperatura
3. Estabilidade da temperatura
4. Especificidade do substrato

Para a caraterização da enzima purificada, as condições acima devem ser optimizadas.

4.9.1. pH

Aqui, 0,1 ml de enzima purificada mais 0,1 ml de substrato, que é a celulose, e 1 ml de tampões Ph de 3-10 são adicionados a diferentes tubos de ensaio e incubados à temperatura ambiente durante 10-15 minutos. Mais tarde, adiciona-se 1 ml de DNSA a cada tubo de ensaio e coloca-se num banho de água quente durante 15-20 minutos. Depois, deixa-se arrefecer os tubos de ensaio e mede-se a absorvância a 540nm.

De acordo com os valores obtidos, a taxa de crescimento mais elevada foi registada em pH 7. O gráfico obtido é o seguinte.

pH	DO a 540nm
3	0.055
4	0.053
5	0.054
6	0.045
7	**0.190**
8	0.056
9	0.153
10	0.165

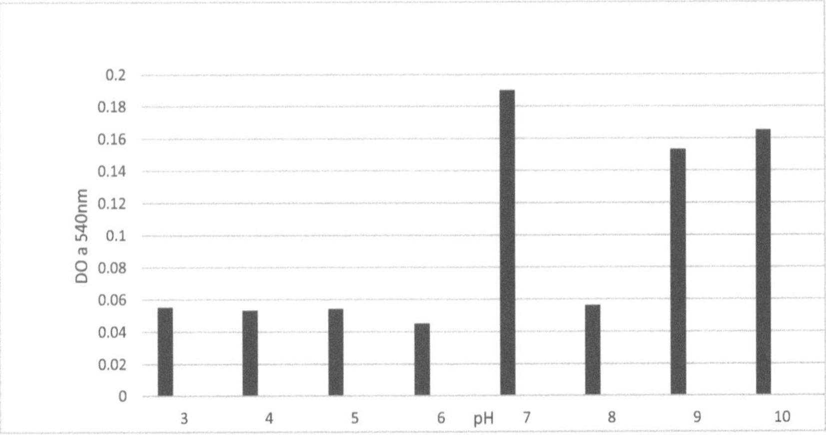

(Figura 20)

4.9.2. Temperatura

O procedimento acima mencionado também é seguido aqui com 0,1 ml de enzima purificada, 0,1 ml de substrato e com o pH ótimo obtido, que é pH 7, seguido de incubação a diferentes temperaturas, tais como 25, 30, 35, 40, 45, 50, 55°C.

Temperatura	Atividade enzimática
25°C	0.047
30°C	0.053
35°C	0.056
40°C	0.046
45°C	0.075
50°C	0.096
55°C	0.047

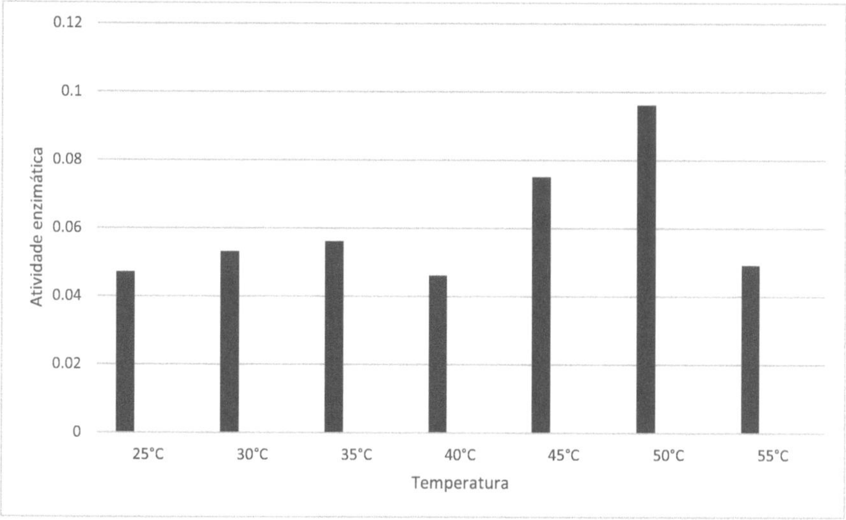

(Figura 21)

4.9.3. Estabilidade térmica

Com o pH e a temperatura óptimos acima obtidos, é possível caraterizar a capacidade de incubação. A temperatura que mostrou o resultado máximo foi 50°C. A esta temperatura, cada tubo de ensaio foi mantido em diferentes intervalos de tempo, ou seja, 1/2 hora, 1 hora e 1,1/2 hora. Após este período de incubação, adicionou-se substrato e tampão e mediu-se a absorvância a 540nm.

Estabilidade da temperatura	DO a 540nm
½ hora	0.107
1 hora	0.143
1 ½ hora	0.205

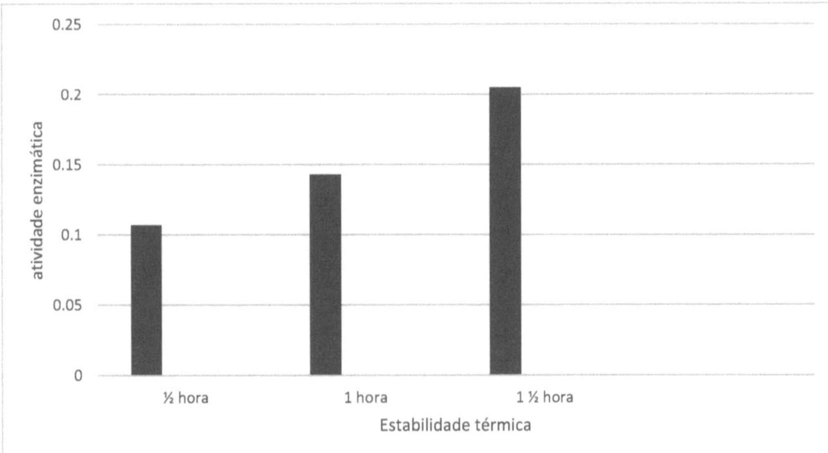

(Figura 22)

4.9.4. Especificidade do substrato

O substrato utilizado em toda esta experiência é a celulose, mas para verificar a eficiência da enzima purificada são utilizados e avaliados diferentes substratos. Os substratos utilizados são a celulose, a aspargina, o amido, a quitina e o ácido tânico. Seguiu-se o mesmo procedimento acima mencionado e mediu-se a absorvância a 540nm.

Substrato	DO a 540nm
Celulose	0.158
Aspargina	0.165
Amido	0.199
Quitina	0.178
Ácido tânico	1.059

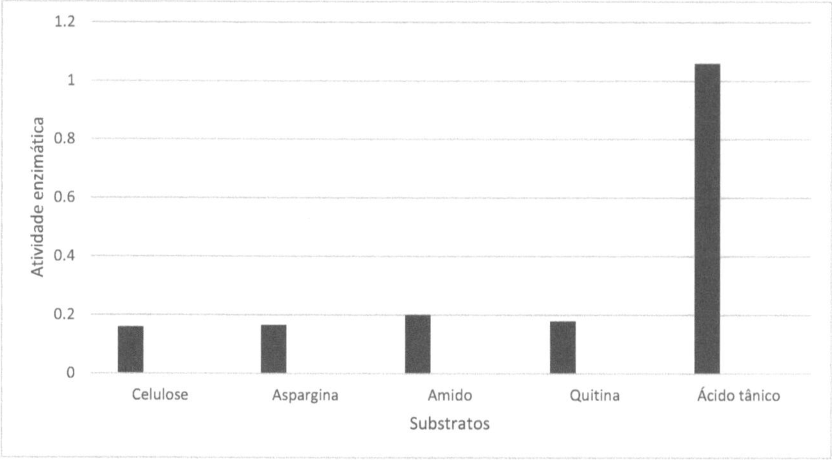

(Figura 23)

O resultado nesta etapa não foi o esperado. A enzima celulase purificada deveria ter apresentado maior absorbância no substrato celulose, pois a degradação da celulose é realizada pela enzima celulase, responsável pela hidrólise das ligações β-1,4 presentes na celulose.

Aplicação sobre a atividade de degradação da celulose na casca de jaca:

A casca do fruto do jaqueiro foi cortada em pequenos pedaços, bem lavada e seca numa estufa de ar quente.

Como mencionado acima na metodologia, a amostra foi tratada com reagente acético/nítrico e outros produtos químicos para a remoção da celulose e para calcular a quantidade de celulose obtida. Para isso, é necessário traçar novamente uma curva padrão de celulose, que é a seguinte

Curva padrão de celulose:

Vol de celulose	Vol de D.W	Vol de Anthrone	Incubação (wb)	DO a 630nm
0.0	1.0	10ml	10min	0.128
0.2	0.8	10ml	10min	1.240
0.4	0.6	10ml	10min	2.459
0.6	0.4	10ml	10min	3.000
0.8	0.2	10ml	10min	3.000
1.0	0.0	10ml	10min	3.000

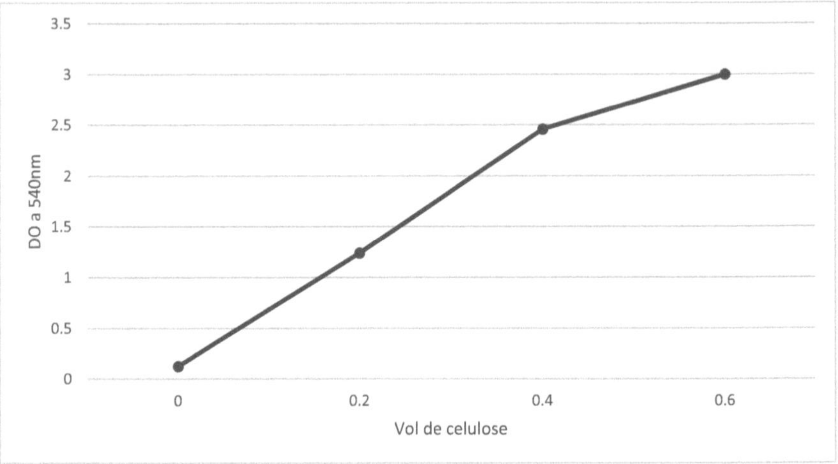

Enzima+ substrato+ antrona	0.389
Enzima+ substrato+ DNSA	0.362
Substrato+ antrona	0.227
Substrato+ DNSA	0.154

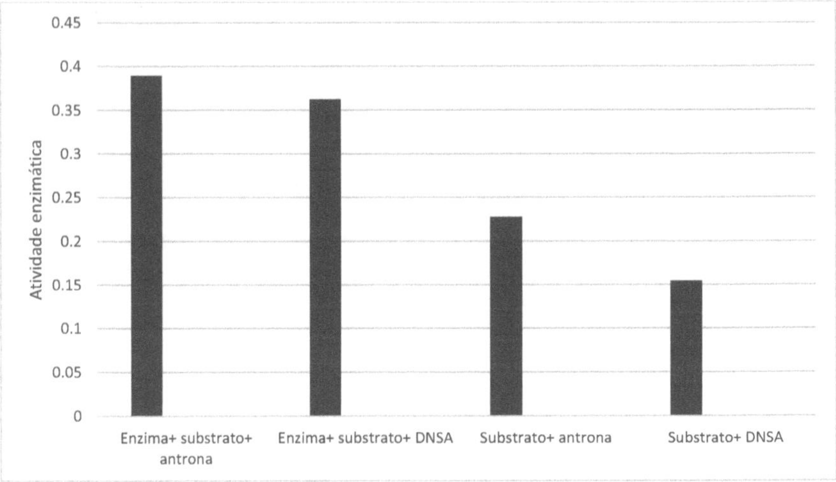

(Figura 24)

[CAPÍTULO 5]

RESUMO E CONCLUSÃO

RESUMO E CONCLUSÃO

Em conclusão, existe um enorme potencial para a remoção eficaz da celulose da casca da jaca através da formação de celulase a partir de espécies de Aspergillus. As enzimas celulase, que são essenciais para dissolver a celulose em formas mais simples, podem ser produzidas pela espécie de fungo altamente estudada Aspergillus. A remoção da celulose da casca da jaca pode ser acelerada e tornada mais sustentável através da utilização da atividade celulolítica das celulases derivadas de Aspergillus.

São muitas as vantagens da utilização da celulase para dissolver a celulose da pele de jaca. Em primeiro lugar, ela permite transformar a celulose, um polissacarídeo complexo, em açúcares fermentáveis que podem ser utilizados em diversos processos biotecnológicos. Isto cria possibilidades para o fabrico de bioplásticos, biocombustíveis e outros bens com valor acrescentado. Em segundo lugar, a remoção da celulose da casca da jaca melhora o conteúdo nutricional e a digestibilidade da casca, tornando-a um recurso adequado para uso humano ou animal. Além disso, a remoção da celulose melhora o uso de subprodutos agrícolas e diminui o desperdício, ajudando a criar uma economia mais circular e sustentável.

Para o sucesso da utilização de celulase derivada de Aspergillus na remoção de celulose da casca de jaca, é crucial ter em conta alguns parâmetros. Para aumentar a produção de celulase, é essencial otimizar os parâmetros de fermentação, que incluem a temperatura, o pH, a concentração de substrato e a duração da incubação. Para aumentar a eficácia e a reutilização das celulases, é também importante investigar os processos a jusante, como a purificação das enzimas e as estratégias de imobilização. Para uma possível implantação industrial, é necessário avaliar a viabilidade económica e a escalabilidade do processo de produção de celulase.

Em conclusão, o desenvolvimento de processos biotecnológicos sustentáveis, a eficiência dos recursos e a valorização dos resíduos são potenciados pelo fabrico de celulase a partir de espécies de *Aspergillus* e a sua utilização na remoção de celulose da casca de jaca. O potencial de enormes vantagens ambientais e económicas decorrentes de estudos adicionais e do desenvolvimento tecnológico nesta área é a chave para um futuro mais sustentável e circular.

CAPÍTULO 6

REFERÊNCIA

REFERÊNCIAS

1. Norma N, Gamarra K, Villena, "Produção de celulase por Aspergillus niger em biofilme, estado sólido e fermentações submersas" 2016, 87:545-551.

2. Patyashakuliyeva A, Arentshorst M, Allijin IE, et al, " Improving Cellulase production by aspergillus niger using adaptive evolution" 10.1007/s10529-016-2060.

3. Villena GK, Correa MG, "Produção de celulase por biofilmes de Aspergillus niger desenvolvidos em tecido de poliéster" 2017, 0266-8254.

4. Sohail M, Siddiqi R, et al, "Cellulase production from Aspergillus niger: effect of temperature and pH" volume 25, setembro de 2009.

5. Mehaboob N, Javaid MS, Asgher M, et al, "Potencial de produção de enzimas celulolíticas termofílicas de Aspergillus fumigatus através da fermentação em estado sólido de palha de trigo" fevereiro de 2014, 10.1007/s12010-014.

6. Arun S, Ravikumar M, et al, "Otimização, produção e purificação da enzima celulase de Aspergillus flavus marinho" maio de 2012, 10.5897/AJME11.074.

7. Beguin, P. e Aubert, J.P, "The biological degradation of cellulose" FEMS microbiol. Lett. 13, 25-58

8. Bhat, M.K. "Cellulases and related enzymes in biotechnology". 2000,Adv. 18, 355-383

9. Szijarto, N. et al. "Fermentação da celulase num novo substrato (resíduos de cartão) e subsequente utilização". Indust. Crops Prod.2004, 20, 49-57

10. Zhang, Y.H.P. et al. "Perspectivas para o melhoramento da celulase: estratégias de rastreio e seleção". 2008. 24, 452-481.

11. Lynd, L.R. et al. "Consolidated bioprocessing of cellulosic biomass" 2005,16, 577-583.

12. Rosgaard, L. et al. "Efficiency of new fungal cellulase systems in boosting enzymatic degradation of Barley Straw Lignocellulose" 2006,Prog. 22, 493-498.

13. Sohail M, Siddiqi, Ahamad A, et al, "cellulase production from aspergillus nigwe: effect of temperature and Ph" universidade de karachi, setembro de 2009,75270.

14. Beguin, P. e Aubert, J.P. (1994) The biological degradation of cellulose. FEMS Microbiol. Lett. 13, 25-58

15. Bhat, M.K. "Cellulases and related enzymes in biotechnology". 2000. Adv. 18, 355-383

16. Ojumu T.V., Solomon B.O., Betiku E., et al, "Cellulase production by Aspergillus flavus linn isolate NSPR 101 fermented in saw dust, bagasse and corncob". Afr. J. Biotechnol. 2003;2(6):150-152.

17. Oberoi H.S., Yogita C., Sunil B., Gurpreet S. D. "Production of cellulose through solid state fermentation using kinnow pulp as a major substrate" [Produção de celulose através de fermentação em estado sólido utilizando polpa de kinnow como substrato principal]. 2008;3(4):528-536.

18. Bhat M.K., Bhat S., "Cellulase degrading enzymes and their potential industrial applications". Adv. 1997;15(3-4):583-620.

19. Acharya P.B., Acharya D.K., Modi H.A. "Otimização da produção de celulase por Aspergillus niger utilizando pó de serra como substrato". Afr. J. 2008;7(22):4147-4152.

20. Asquieri E.R., Park Y.K. "Production of extracellular cellulases from the thermostable Aspergillus sp". Rev. Microbiol. 1992;23:183-188.

21. Enari T.M., Markenan P., Fiechter A. "Production of cellulolytic enzymes by fungi" (Produção de enzimas celulolíticas por fungos). Adv. Biochem. Eng. 1977;5:1-24.

22. Ghose T.K. "Measurement of cellulase activities". 1987;59(2):257-268.

23. X. Li, S.H. Chang, R. Liu "Aplicações industriais de celulases e hemicelulases, Enzimas Celulolíticas Fúngicas: Produção e aplicação microbiana", (2018), pp. 267-282

24. Mrudula. S, R. Murugammal, "Produção de celulose por Aspergillus niger em fermentação submersa e em estado sólido utilizando resíduos de coco como substrato". (2011),1119-1127

25. A. Singh, S. Bajar, A. Devi, N.R. Bishnoi "Evaluation of cellulase production from Aspergillus niger and Aspergillus heteromorphus under submerged and solid-state fermentation" (2021), pp. 437-442.

MIX

Papier aus verantwortungsvollen Quellen

Paper from responsible sources

FSC® C105338

Printed by Books on Demand GmbH, Norderstedt / Germany